CAFÉ

TABLE DE PARITÉ

ENTRE

Le Brésil, Le Havre, Anvers New-York, Londres, La Hollande, Hambourg, Gênes et Trieste

PRIX DE 25 A 250 FRANCS

(*écart de type* non compris)

ET

STATISTIQUES

PAR

E. LANEUVILLE

HAVRE

8me Édition

DÉCEMBRE 1921

PRIX : 25 Francs

DÉPOSÉ

TABLE DES MATIÈRES

Pages

ÉCART DE TYPE

L'écart entre le G.-A. Santos au Havre et les types des autres marchés, pouvant varier, **n'est pas compris** dans cette table de parité. De plus, en comparant les cours des différents marchés, il y a lieu de tenir compte des conditions et règlements pour les livraisons sur chacun d'eux.

Les Parités sont données par fractions décimales pour tous les marchés, ce qui permet d'établir les écarts entre leurs cours à un centième près.

CHANGES

Devant l'instabilité des changes, instabilité qui ne nous parait pas près de cesser, malgré tous les systèmes et projets mis en avant récemment pour y remédier (Chambre de compensation universelle, Banque universelle de change, Banque de réserve or mondiale etc.) (1) nous avons été obligés d'établir nos parités en prenant, d'abord, tous les changes au pair et ensuite à des taux moyens se rapprochant le plus possible des cours pratiqués depuis quelque temps. Nous donnons, page suivante, un tableau des Changes du Brésil et des principaux pays importateurs de café au pair et au 15 Décembre 1921.

Notre Table comprend donc deux parties :

1re Partie. Changes au Pair : Milreis 16d. **Paris :** Livre 25.20. Dollar 5.18. Fl. 2.08. Mark 1.235. Franc belge et Lire 100. **Londres.** Livre : 4 Doll. 865, 12 Fl. 11, 20 Mk 40, etc. Afin de faciliter les calculs, nous avons arrondi quelque peu les taux du change au pair, qui doivent servir de diviseurs ou de multiplicateurs pour obtenir la parité exacte suivant le change du jour. Nous avons pris par ex. pour la Livre en Frs. 25.20, au lieu de 25.221, pour le Dollar en Fcs. 5.18, au lieu de 5.1825, pour la Livre en Doll., 4.865 au lieu de 4.8666, etc.

2me Partie, Changes Moyens : Milreis 8d. **Paris** : Livre 50 Fcs. Dollar 12.50. Fl. 4.25, Mk 0 25. Franc belge 100 et Lire 0 60. **Londres.** Livre : Dollars 4.00. Marks 200. Fl. 11.765, Lires 83.33 etc. Vu la très forte dépréciation du Mark à l'heure actuelle (15 Déc. 1921) laquelle atteint 98 %, puisque le Mark ne vaut plus que 0 cent 52 à New-York, contre 23 cents 80 au pair, il est infiniment probable qu'il sera remplacé tôt ou tard par un autre Mark, dont nous ne pouvons connaitre la valeur et rien ne dit du reste que le nouveau

(1) L'erreur des auteurs de ces différents systèmes, projets et plans de stabilisation des changes et de restauration économique et financière de l'Europe et du Monde, tous aussi chimériques les uns que les autres, dont il est tant question aujourd'hui, est de s'attaquer à des faits qui ne sont que des conséquences et non aux causes qui les engendrent. L'instabilité des changes n'est pas la cause des perturbations économiques dont souffre le monde, elle en est la conséquence. Prendre l'effet pour la cause et s'attaquer à l'effet, c'est ne remédier à rien ; c'est sur les causes qu'il faut agir et non sur les effets. Le remède n'est pas dans les résolutions retentissantes de telle ou telle Conférence, il est dans les mesures que chaque pays doit prendre séparément pour le relèvement et l'assainissement de sa propre situation, mesures que la science économique et financière indique et qui sont bien connues.

COURS des CHANGES au Pair et au 15 Décembre 1921

	BRÈSIL Pence p. Milreis. Reis par Dollar, Franc, Mark, Florin et Lire.		LONDRES Pence p. Milreis. Doll., Fcs, Mks, Florins et Lires par Livre st.		NEW-YORK Dollars et Cents p. Milreis, Livre, Fc., Mk, Fl. et Lire		PARIS Francs p. Livre, Dollar, Mark, Florin et Lire.		ALLEMAGNE Marks p. Livre, Dollar, Franc, Florin et Lire.		HOLLANDE Florins p. Livre, Dollar, Franc, Mark et Lire.		ITALIE Lires par Livre. Dollar, Franc, Mark et Florin.	
sur :	Pair	15 Déc. 21	Pair	15 Déc. 21	Pair	15 Déc. 21	Pair	15 Déc. 21	Pair	15 Déc. 21	Pair	15 Déc. 21	Pair	15 Déc. 21
BRÉS.	—	—	46d	7 ½	32.44	43.42	—	—	—	—	—	—	—	—
LOND.	46d	7 ½	—	—	4.867	4.20	25.221	51.90	20.43	760.—	12.107	11.515	25.221	90.4
N.-Y. .	3.082	7 620	4.867	4.20	—	—	5.182	12.35	4.199	181 ½	2.488	2.75	5 182	21.5
PARIS.	595	647	25.221	51.90	19.3	7.94	—	—	0.81	14.65	0.48	0.223	1.00	1.75
ALLEM	735	42	20.430	770.50	23.8	0.52	1.235	0.06¾	—	—	0.593	0.045	1.235	0.148
HOLL.	1.240	2 780	12.107	11.50	40.2	35.77	2 083	4.50½	1.687	66.3	—	—	2.083	7.88
ITALIE	595	353	25.221	90.50	19.3	4.58	1.00	0.57¼	0.81	8.40	0.48	0.427	—	—

Mark sera plus stable que l'ancien. Pour plus de commodité, nous avons pris comme valeur du Mark dans notre seconde partie 0 Fc 25 et des cours correspondants sur les autres places, ce qui équivaut à environ 4 fois la valeur actuelle (15 Déc. 1921) ou environ le douzième de sa valeur ancienne.

Pour obtenir la parité exacte suivant le change du jour, on peut se servir de l'une ou l'autre partie de cette table. Il suffit de multiplier la parité indiquée par la Table, par le change du jour et de diviser ensuite par le change au pair (1re Partie) ou par le change moyen (2me Partie), ou inversement, suivant la manière dont est coté le change, c. a. d. selon que le change est coté dans la monnaie du pays, comme à Paris, New-York, en Belgique, Hollande, Allemagne et Italie, ou dans la monnaie du pays étranger comme à Londres.

L'objet de la seconde partie de cette Table est de donner des Parités se rapprochant le plus possible des prix cotés actuellement sur les différents marchés. Nous avons pris les taux de 50 Fcs pour la Livre et 12 Fcs 50 pour le Dollar = 4 Dollars pour la Livre, surtout à cause des diviseurs 50, 125 et 4.

Il est encore un autre moyen que nous pouvons indiquer pour obtenir la parité exacte entre deux marchés quelconques selon le change du jour : c'est le suivant, qui résulte de la comparaison des parités données par cette table :

Le Havre-New-York : Diviser les Francs par le change à Paris (Francs par Dollar), ou multiplier par le change à New-York (Cents par Franc) et déduire 11.77 % pour avoir des Cents.

New-York-Le Havre : Multiplier les Cents par le change à Paris (Francs par Dollar), ou diviser par le change à New-York (Cents par Franc) et ajouter 13.33 % pour avoir des Francs.

Le Havre-Londres : Diviser les Francs par le Change à Paris ou à Londres (Francs par Shilling), et déduire 0.45 % pour avoir des Shillings.

Londres-Le Havre : Multiplier les Shillings par le Change à Londres ou à Paris (Francs par Shilling) et ajouter 0.45 % pour avoir des Francs.

Le Havre-Hollande : Diviser les Francs par le change à Paris, ou multiplier par le change en Hollande et déduire 1.92 % pour avoir des Cents.

Hollande-Le Havre : Diviser les Cents par le change en Hollande, ou multiplier par le change à Paris et ajouter 1.96 % pour avoir des Francs.

Le Havre-Hambourg : Diviser les Francs par le change à Paris, ou multiplier par le change en Allemagne et déduire 2.91 % pour avoir des Marks ou Pfennigs.

Hambourg-Le Havre : Diviser les Marks ou Pfennigs par le change en Allemagne, ou multiplier par le change à Paris et ajouter 2.99 % pour avoir des Francs.

Le Havre-Gênes et Trieste : Diviser les Francs par le change à Paris, ou multiplier par le change en Italie — multiplier par 2 (Prix cotés par 100 Kos) — et déduire 2.91 % pour avoir des Lires.

Gênes et Trieste-Le Havre : Diviser les Lires par le change en Italie, ou multiplier par le change à Paris — diviser par 2 (Prix cotés par 50 Kos) — et ajouter 2.99 % pour avoir des Francs.

New-York-Londres : Diviser les Cents par le change à New-York ou à Londres (Cents par Shilling, ou $\frac{\text{Dollars par Livre}}{20}$) et ajouter 12.83 % pour avoir des Shillings.

Londres-New-York : Multiplier les Shillings par le change à Lond. ou à New-York (Cents par Shilling, ou $\frac{\text{Dollars par Livre}}{20}$) et déduire 11.37 % pour avoir des Cents.

New-York-Hollande : Multiplier les Cents à New-York par le change en Hollande (Florins par Dollar) ou diviser par le change à New-York (Cents par Florin) et ajouter 11.16 % pour avoir des Cents en Hollande.

Hollande-New-York : Diviser les Cents en Hollande par le change en Hollande (Florins par Dollar) ou multiplier par le change à New-York (Cents par Florin) et déduire 10.03 % pour avoir des Cents à New-York.

New-York-Hambourg : Multiplier les Cents par le change en Allemagne (Marks par Dollar) ou diviser par le change à New-York (Cents par Mark) et ajouter 10.02 % pour avoir des Marks ou Pfennigs.

Hambourg-New-York : Diviser les Marks ou Pfennigs par le change en Allemagne (Marks par Dollar) ou multiplier par le change à New-York (Cents par Mark) et déduire 9.13 % pour avoir des Cents.

New-York-Gênes, Trieste : Multiplier les Cents par le change en Italie (Lires par Dollar) ou diviser par le change à New-York (Cents par Lire) — multiplier par 2 (Prix cotés par 100 K^os^ à Gênes et Trieste) — et ajouter 10.02 % pour avoir des Lires.

Gênes, Trieste-New-York : Diviser les Lires par le change en Italie (Lires par Dollar) ou multiplier par le change à New-York (Cents par Lire) — Diviser par 2 (Prix cotés par 100 K^os^ à Gênes et Trieste) — et déduire 9.13 % pour avoir des Cents.

Londres-Hollande : Multiplier les Shillings par le change en Hollande ou à Londres (Florins ou Cents par Shilling, ou $\frac{\text{Florins par Livre}}{20}$) et déduire 1.48 % pour avoir des Cents.

Hollande-Londres : Diviser les Cents par le change en Hollande ou à Londres (Florins ou Cents par Shilling, ou $\frac{\text{Florins par Livre}}{20}$) et ajouter 1.51 % pour avoir des Shillings.

Londres-Hambourg : Multiplier les Shillings par le change en Allemagne ou à Londres (Marks par Shilling) et déduire 2.47 % pour avoir des Marks ou Pfennigs.

Hambourg-Londres : Diviser les Marks ou Pfennigs par le change en Allemagne ou à Londres (Marks par Shilling) et ajouter 2.53 % pour avoir des Shillings.

Londres-Gênes, Trieste : Multiplier les Shillings par le Change en Italie ou à Londres (Lires par Shilling) — multiplier par 2 (Prix cotés par 100 K^os^ à Gênes et Trieste) — et déduire 2.47 % pour avoir des Lires.

Gênes, Trieste-Londres : Diviser les Lires par le change en Italie ou à Londres (Lires par Shilling) — diviser par 2 (Prix cotés par 100 K^os^ à Gênes et Trieste) — et ajouter 2.53% pour avoir des Shillings.

Hollande-Hambourg : Diviser les Cents par le change en Hollande (Cents par Mark) ou multiplier par le change en Allemagne (Marks par Florin) et déduire 0.99 % pour avoir des Marks ou Pfennigs.

Hambourg-Hollande : Multiplier les Marks ou Pfennigs par le change en Hollande (Cents par Mark) ou diviser par le change en Allemagne (Marks par Florin) et ajouter 1.00 % pour avoir des Cents.

Hollande-Gênes, Trieste : Diviser les Cents par le change en Hollande (Cents par Lire) ou multiplier par le change en Italie (Lires par Florin) — multiplier par 2 (Prix cotés par 100 K^os^ à Gênes et Trieste) — et déduire 0.99% pour avoir des Lires.

Gênes, Trieste-Hollande : Multiplier les Lires par le change en Hollande (Cents par Lire) ou diviser par le change en Italie (Lires par Florin) — diviser par 2 (Prix cotés par 100 K^os^ à Gênes et Trieste) et ajouter 1.00% pour avoir des Cents.

Hambourg-Gênes, Trieste : Diviser les Marks ou Pfennigs par le change en Allemagne (Marks par Lire) ou multiplier par le change en Italie (Lires par Mark) et multiplier par 2 (Prix cotés par 100 K^os^ à Gênes et Trieste) pour avoir des Lires. Il n'y a ensuite rien à ajouter ou à déduire, les conditions de tare et d'escompte étant les mêmes sur les 3 marchés.

Gênes, Trieste-Hambourg : Multiplier les Lires par le change en Allemagne (Marks par Lire) ou diviser par le change en Italie (Lires par Mark) et diviser par 2 (Prix cotés par 100 K^os^ à Gênes et Trieste) pour avoir des Marks ou Pfennigs. Il n'y a ensuite rien à ajouter ou à déduire, les conditions de tare et d'escompte étant les mêmes sur les 3 marchés.

Conditions de Place et Taux des Frets

BRÉSIL

Les Prix sont cotés en Reis par 10 kilos. **Droits d'exportation** : A Rio, les prix cotés comprennent les droits d'exportation, qui sont de 8 % pour les Cafés de l'Etat de Rio et de 9 % pour ceux de l'Etat de Minas-Geraes. A Santos, les prix cotés ne comprennent pas les droits d'exportation, qui sont de 9 % sur les Cafés des Etats de Sao-Paulo et de Minas et de 6 % sur ceux de l'Etat du Parana.

Pauta. La Pauta est le cours officiel qui sert de base pour le réglement des droits. A Santos, la pauta est fixée à 700 Reis par kilo pour les Cafés des Etats de Sao-Paulo et du Parana depuis 1917, ce qui équivaut à une réduction du droit d'exportation ad valorem, lequel ne correspond plus aujourd'hui qu'à 4 % environ de la valeur réelle, au lieu de 9 %. Pour les Cafés de Minas à Santos et pour les Cafés de Rio et de Minas à Rio, la pauta est fixée chaque semaine suivant les cours du marché.

Surtaxe. La surtaxe est de 5 Francs par sac sur les Cafés de Sao-Paulo, 3 Francs par sac sur les Cafés de Rio et de Minas et nulle sur les Cafés du Parana, lorsqu'ils sont exportés par un port de l'Etat de Sao-Paulo.

Cette Table de Parité est établie pour les Cafés Santos (voir plus loin les rectifications à effectuer pour les Cafés Rio). Prix en Reis par 10 kilos. **Droits 9 0/0** : Les droits sont calculés sur la valeur réelle jusqu'au cours de 700 Reis par kilo et sur le cours fixe de 700 Reis pour la Pauta, à partir de ce cours. Ils égalent alors 630 Reis par 10 kilos. Pour une augmentation, ou une diminution de 100 Reis dans le cours de la Pauta par kilo, il y a lieu, en établissant le prix du coût et fret, d'ajouter au prix en Reis ou de retrancher du prix en Reis par 10 kilos : 90 Reis (9 % sur 1.000 Reis par 10 kilos), ou bien d'ajouter au prix du coût et fret ou de retrancher du prix du coût et fret : (Changes au pair) 0 cent 135 par lb., 0 sh. 62 par cwt et 0 fc 77 par 50 k°: (Changes moyens) 0 cent 056 par lb., 0 sh. 31 par cwt et 0 fc 77 p. 50 k°. **Frais divers** par sac : Docas, Sac neuf, Transport à bord, Petites dépenses, Timbres, Courtages (Change et Café), 4.000 Reis, dont 2.400 Reis pour le prix du sac = 667 Reis par 10 kilos. Ces frais sont aujourd'hui un minimum pour Santos et un maximum pour Rio, étant plutôt de 4.100 Reis à Santos et de 3.900 Reis à Rio. **Commission** de l'exportateur et de l'agent en Europe et aux Etats-Unis 2 %. **Surtaxe** 5 fcs par sac. La surtaxe est comprise dans nos calculs. Dans la première partie de notre Table (Changes au pair), elle équivaut à fcs 4.17 par 50 k^{os}, 0 cent 73 par lb. et 3 sh. 36 par cwt et dans la seconde partie (Changes moyens. Dollar 12.50, Livre 50 fcs) à fcs 4.17 par 50 k^{os}, 0 cent 30 par lb. et 1 sh. 69 par cwt.

Coût et Fret

1 sac (60 k^{os}) = 132 livres. 1 cwt = 50 k^{os} 75,
500 sacs, 30.000 k^{os} = 591 cwt. 13.

Coût et Fret en Cents par livre. Traite à 90 j. sur New-York et New-Orléans, ou sur Londres au change fixe de 4.86, mais avec majoration du prix en Cents suivant le cours du change de Londres sur New-York. Fret 40 cents par sac de 132 livres in full (net) = 0 cent 30 par lb. Pour chaque 5 cents par sac en plus ou en moins, ajouter au prix du coût et fret ou retrancher du prix du coût et fret, 0 cent 04 par livre.

Coût et Fret en shs par cwt. Traite sur Londres à 90 jours, ou à vue avec 1 % d'escompte. Fret 45/- et 10 % p. 1.000 k^{os} = 2 shs 51 p. cwt. Pour chaque 5/- et 10 % p. 1.000 k^{os} en plus ou en moins, ajouter au prix du coût et fret ou retrancher du prix du coût et fret, 0 sh. 28 p. cwt.

Coût et Fret en Marks par 1/2 K^{o}. Traite à vue. Fret 45/— et 10 % p. 1.000 k^{os}. Notre Table ne contient pas de colonne pour le Coût et Fret en Marks par 1/2 k^{o}. Pour l'obtenir, il suffit de multiplier le Coût et Fret en shs par cwt (50 k^{os} 75), le fret étant le même, par le nombre de Marks par Shilling suivant le change du jour, de déduire 1 1/2 % (Différence entre 50 k^{os} et 50 k^{os} 75) et de diviser par 100. (Prix par 1/2 k^{o} au lieu de 50 k^{os}).

Coût et Fret en Francs par 50 kilos. Traite à vue. Fret 40/— et 10 % par 900 k^{os} = au change de 25.20, Fcs 3.08 et au change de 50 Fcs. Fcs 6.11 par 50 k^{os}. Pour chaque 5/— et 10 % p. 900 k^{os} en plus ou en moins, ajouter au prix du Coût et Fret, ou retrancher du prix du coût et fret Fr. 0.38 au change de 25.20 et Fr. 0.76 au change de 50 Fcs.

Cafés Rio. — Cette Table étant établie pour les Cafés Santos, il y a lieu, pour obtenir la parité exacte des Cafés Rio et du coût et fret, de tenir compte des droits de 9 % (pauta 700 Reis) = 630 Reis par 10 kilos compris dans nos calculs et de les déduire, puisque les droits d'exportation sont compris dans les prix cotés à Rio. De même, il y a lieu de tenir compte de la différence de 2 Fcs par sac pour la surtaxe, soit 1 Fr 67 par 50 k^{os} à déduire.

Coût et Fret en Francs par 50 kilos et Conditions du Havre et des autres Marchés

Havre.— Prix Fcs par 50 k^{os} — Tare 2 % — Escompte 1 ¾ % — Perte au poids 1 % — Commission de banque. Assurance maritime. Intérêts (Traite à vue) et Courtage de vente 1 ¾ % — Total 6 ½ % — Frais de débarquement et de mise en magasin 2 Fcs par 50 kilos. (Taxe sur le chiffre d'affaires, actuellement 1.10 %, non comprise).

Anvers.— Prix Fcs par 50 k^{os}. Tare 2 %. Escompte 1 3/4 %. Les conditions de tare et d'escompte étant les mêmes à Anvers et au Havre, cette Table ne contient qu'une colonne unique pour les deux marchés, mais par suite des variations du change entre la France et la Belgique, il y a lieu, pour avoir la parité exacte d'Anvers, de majorer ou de diminuer les prix suivant les cours du Change entre les deux pays.

New-York. — Prix Cents par lb. Rio et Santos. Tare 1 % plus 1 lb. par série pour échantillons, env. 15 lbs (maximum 18 lbs) par 500 sacs. Sans esc., pour livraison en filière.

Londres. — Prix shs par cwt. Tare 1 lb. par sac. Esc. 1 %.

Hollande. Prix Cents par 1/2 k^{o}. Disponible Santos. Tare 1/2 k^{o} par sac. Escompte 1 %.

Hambourg. — Prix Pfs par 1/2 k^{o}. Anciennes conditions : Don 3 ‰. Tare 2 %, Escompte 1 %. Nouvelles conditions pour le Santos disponible : Tare 1/2 k^{o} par sac, sans escompte. Nos Parités sont établies suivant les nouvelles conditions. Si plus tard, avec la réouverture du marché à terme, on revient aux anciennes conditions, il y aura lieu de tenir compte de la différence et de majorer les prix en Pfs d'env. 2 1/2 %.

Gênes et Trieste. — Prix Lires par 100 k^{os}. Rio et Santos disponible. Tare 1/2 k^{o} par sac, sans escompte.

MARGES pour le TERME sur 500 SACS

à Santos, au Havre, à Anvers, New-York, Londres, en Hollande, à Hambourg, Gênes et Trieste

(Escompte déduit)

Intérêts, Courtages, Commission et Frais divers non compris)

Santos...	100 Reis p. 10 k^os. 30.000 k^os..........	: $	300 —
	500 » » »	»	1.500 —
	1.000 » » »	»	3.000 —
Havre.....	1 Fc p. 50 k^os. Poids net 29.400 k^os. Esc. 1 3/4 %	: Fcs	577 70
	5 Fcs » » » » »	»	2.888 50
Anvers....	1 Fc p. 50 k^os. Poids net 29.250 k^os. Esc. 1 3/4 %	: Fcs	574 75
	5 Fcs » » » » »	»	2.873 75
New-York.	5 Cents p. lb. Poids net 65.000 lbs. Sans escompte	: $	32 50
	50 » » » » » »	»	325 —
	100 » » » » » »	»	650 —
Londres...	1 Sh. p. cwt. Poids net 580 cwt. Esc. 1 %	: £	28 14 2
	5 Shs » » » » »	»	143 11
Hollande..	1 Fl p. 1/2 k°. Poids net : 29.400 k^os. Esc. 1 %	: Fl.	582 12
	5 Fls » » » » »	»	2.910 60
Hambourg (Anc. condit.)	1 Mk p. 1/2 k°. Poids net 29.250 k^os. Esc. 1 %	: Mk	579 15
	5 Mks » » » » »	»	2.895 75
Gênes....	....		
Trieste....	1 Lire p. 100 k^os. Poids net 29.250 k^os. Sans esc.	: Lires	292 50
	5 Lires » » » » »	»	1.462 50

PARITÉS

PREMIÈRE PARTIE

Prix de 25 à 200 Francs

CHANGES AU PAIR

	BRÉSIL	LOND.	N.-Y.	PARIS	BELG.	ALLEM.	HOLL.	ITALIE
sur : **BRÉSIL**.......	—	16d	32.45	—	—	—	—	—
LONDRES.....	16d	—	4.865	25.20	25.20	20.40	12.11	25.20
NEW-YORK....	3.082	4.865	—	5.18	5.18	4.20	2.49	5.18
PARIS	595	25.20	19.3	—	1.00	0.81	0.48	1.00
BELGIQUE.....	595	25.20	19.3	1.00	—	0.81	0.48	1.00
ALLEMAGNE...	735	20.40	23.8	1.235	1.235	—	0.59	1.235
HOLLANDE....	1.240	12.11	40.2	2.08	2.08	1.685	—	2.08
ITALIE........	595	25.20	19.3	1 00	1.00	0.81	0.48	—

CHANGES AU PAIR

Milreis 16d – **Paris :** Dollar 5.18, Livre 25.20, Franc belge 100, Florin 2.08, Mark 1.235, Lire 100 et cours correspondants pour les autres places, voir tableau page 13.

Écart de Type non compris

BRÉSIL (Santos)	COUT-&-FRET			HAVRE Anvers	N.-Y.	LOND.	HOLL.	HAMB.	GÊNES Trieste
Reis p. 10k	cts p. lb.	shs p. cwt	Fcs p. 50 k.	Fcs p. 50 k.	cts p. lb.	shs p. cwt	cts p. ½ k.	pfs p. ½ k.	Lir. p. 100k
898	3.54	17.35	21.51	**25**	4.26	19.75	11.79	19.65	48.55
998	3.70	18.11	22.44	**26**	4.43	20.54	12.26	20.44	50.49
1098	3.86	18.86	23.38	**27**	4.60	21.33	12.73	21.23	52.43
1198	4.03	19.61	24.31	**28**	4.77	22.12	13.20	22.01	54.37
1298	4.19	20.37	25.25	**29**	4.94	22.91	13.67	22.80	56.32
1398	4.36	21.12	26.18	**30**	5.11	23.70	14.15	23.59	58.26
1498	4.52	21.87	27.12	**31**	5.28	24.49	14.62	24.37	60.20
1598	4.68	22.62	28.05	**32**	5.45	25.28	15.09	25.16	62.14
1698	4.85	23.38	28.99	**33**	5.62	26.07	15.56	25.94	64.08
1798	5.01	24.13	29.92	**34**	5.79	26.86	16.03	26.73	66.02
1898	5.18	24.88	30.86	**35**	5.96	27.65	16.50	27.52	67.97
1998	5.34	25.64	31.79	**36**	6.13	28.44	16.97	28.30	69.91
2098	5.50	26.39	32.73	**37**	6.30	29.23	17.45	29.09	71.85
2198	5.67	27.14	33.66	**38**	6.47	30.02	17.92	29.88	73.79
2298	5.83	27.90	34.60	**39**	6.64	30.81	18.39	30.66	75.73
2398	6.—	28.15	35.53	**40**	6.81	31.60	18.86	31.45	77.68
2498	6.16	29.40	36.47	**41**	6.98	32.39	19 33	32.23	79.62
2598	6.32	30.15	37.40	**42**	7.15	33.18	19.80	33.02	81.56
2698	6.49	30.91	38.34	**43**	7.32	33.97	20.28	33 81	83.50
2798	6.65	31.66	39.27	**44**	7.49	34.76	20.75	34.59	85.44
2898	6.82	32.41	40.21	**45**	7 67	35.55	21.22	35.38	87.38
2998	6.98	33.17	41.14	**46**	7.84	36.34	21.69	36.16	89.33
3099	7.14	33.92	42.08	**47**	8.01	37 13	22.16	36.95	91.27
3199	7.31	34 67	43.01	**48**	8.18	37.92	22.63	37.74	93.21
3299	7.47	35.43	43.95	**49**	8.35	38 71	23.10	38.52	95.15
25	0.04	0.19	0.23	0.25	0.04	0.20	0.12	0.20	0.49
50	0.08	0.38	0.47	0.50	0.09	0.39	0.23	0.39	0.97
75	0.12	0.57	0.70	0.75	0.13	0.59	0.35	0.59	1.46

Difference of Type not included

CHANGES AU PAIR

Milreis 16d — **Paris** : Dollar 5.18, Livre 25.20, Franc belge 100, Florin 2.08, Mark 1.235, Lire 100 et cours correspondants pour les autres places, voir tableau page 13.

Écart de Type non compris

BRÉSIL (Santos)	COUT-&-FRET			HAVRE Anvers	N.-Y.	LOND.	HOLL.	HAMB.	GÊNES Trieste
Reis p. 10k	cts p. lb.	shs p. cwt	fcs p. 50 k.	Fcs p. 50 k.	cts p. lb.	shs p. cwt	cts p. ½ k.	pfs p. ½ k.	Lir. p. 100k
3399	7.64	36.48	44.88	**50**	8.52	39.50	23.58	39.31	97.09
3499	7.80	36.94	45.82	**51**	8.69	40.29	24.05	40 10	99.04
3599	7.97	37.69	46.75	**52**	8 86	41.08	24.52	40.88	100.98
3699	8.13	38.44	47.69	**53**	9.03	41.87	24.99	41.67	102.92
3799	8.29	39.20	48.62	**54**	9.20	42.66	25.46	42.45	104.86
3899	8.46	39.95	49.56	**55**	9 37	43.45	25.93	43.24	106.80
3999	8.62	40.70	50.49	**56**	9.54	44.24	26.40	44.03	108 75
4099	8.79	41 46	51 43	**57**	9.71	45.03	26.88	44.81	110.69
4199	8.95	42.21	52.36	**58**	9 88	45.82	27.35	45 60	112.63
4299	9.12	42.96	53.30	**59**	10.05	46 61	27.82	46.38	114.57
4399	9.28	43.72	54 23	**60**	10.22	47.40	28.29	47.17	116.51
4499	9.44	44.47	55.17	**61**	10.39	48.19	28.76	47.96	118.45
4599	9.61	45 22	56.10	**62**	10 56	48.98	29.23	48.74	120.40
4699	9.77	45.98	57 04	**63**	10.73	49.77	29 70	49.53	122.34
4799	9.94	46.73	57.97	**64**	10.90	50.56	30.18	50.32	124.28
4899	10.10	47.48	58.91	**65**	11 07	51.35	30.65	51.10	126 22
4999	10.26	48.24	59.84	**66**	11.24	52 14	31.12	51.89	128.16
5099	10.43	48.99	60.78	**67**	11 41	52.93	31.59	52.67	130.11
5199	10.59	49.74	61.71	**68**	11.58	53.72	32.06	53.46	132.05
5299	10.76	50.49	62.65	**69**	11.75	54.51	32.53	54.25	133.99
5399	10 92	51.25	63.58	**70**	11.92	55.30	33.01	55.03	135.93
5499	11.08	52.—	64.52	**71**	12.09	56.09	33 48	55 82	137.87
5599	11.25	52.75	65 45	**72**	12.26	56.88	33.95	56.61	139.81
5699	11.41	53 51	66.39	**73**	12.43	57 67	34.42	57.39	141.76
5800	11.58	54.26	67.32	**74**	12.60	58.46	34.89	58.18	143.70
25	0.04	0 19	0.23	0.25	0.04	0.20	0.12	0.20	0.49
50	0.08	0.38	0.47	0 50	0.09	0 39	0.23	0.39	0.97
75	0.12	0.57	0.70	0.75	0.13	0.59	0.35	0 59	1.46

Difference of Type not included

CHANGES AU PAIR

Milreis 16[d] — **Paris** : Dollar 5.18. Livre 25.20, Franc belge 100, Florin 2.08, Mark 1.235, Lire 100 et cours correspondants pour les autres places, voir tableau page 13.

Écart de Type non compris

BRÉSIL (Santos)	COUT-&-FRET			HAVRE Anvers	N.-Y.	LOND.	HOLL.	HAMB.	GÊNES Trieste
Reis p. 10k	cts p. lb.	shs p. cwt	Frs p. 50 k.	Frs p. 50 k.	cts p. lb.	shs p. cwt	cts p ½ k.	pfs p. ½ k.	Lir. p. 100k
5900	11.74	55.01	68.26	**75**	12.78	59.26	35.36	58.96	145.64
6000	11.90	55.77	69.19	**76**	12.95	60.05	35.84	59.75	147.58
6100	12.07	56.52	70.13	**77**	13.12	60.84	36.31	60.54	149 53
6200	12.23	57.27	71.06	**78**	13.29	61 63	36.78	61.32	151.47
6300	12.40	58.03	72.—	**79**	13.46	62.42	37.25	62.11	153.41
6400	12.56	58.78	72.93	**80**	13 63	63.24	37.72	62.90	155.35
6500	12.73	59.53	73.87	**81**	13.80	64 —	38.19	63.68	157.29
6600	12 89	60.29	74.80	**82**	13.97	64.79	38.66	64.47	159.23
6700	13.05	61.04	75 74	**83**	14.14	65.58	39.13	65.25	161.18
6800	13.22	61 79	76.67	**84**	14.31	66 37	39.61	66.04	163.12
6900	13.38	62.55	77.61	**85**	14.48	67.16	40.08	66.83	165.06
7000	13.55	63.30	78.54	**86**	14.65	67.95	40.55	67.61	167.—
7109	13.71	64.05	79.48	**87**	14.82	68.74	41.02	68.40	168.94
7218	13.87	64.80	80.41	**88**	14.99	69.53	41.49	69.18	170.89
7327	14.04	65.56	81.35	**89**	15.16	70.32	41.96	69.97	172.83
7436	14.20	66.31	82.28	**90**	15.33	71.11	42.44	70.76	174.77
7545	14.37	67.06	83 22	**91**	15 50	71.90	42.91	71.54	176.71
7654	14.53	67.82	84.15	**92**	15.67	72.69	43.38	72.33	178.65
7763	14.69	68.57	85.09	**93**	15.84	73.48	43.85	73.12	180.60
7872	14.86	69.32	86.02	**94**	16.01	74.27	44.32	73.90	182.54
7981	15.02	70.08	86.96	**95**	16.18	75.06	44.79	74.69	184.48
8090	15.19	70.83	87.89	**96**	16.35	75.85	45.26	75.47	186.42
8199	15 35	71.58	88.83	**97**	16.52	76.64	45.74	76.26	188.36
8308	15.52	72.34	89.76	**98**	16.69	77.43	46.21	77.05	190.31
8417	15.68	73.09	90.70	**99**	16.86	78.22	46.68	78.83	192.25
27	0.04	0.19	0.23	0.25	0.04	0.20	0.12	0.20	0.49
55	0.08	0.38	0.47	0.50	0.09	0.39	0.23	0.39	0.97
82	0.12	0.57	0.70	0.75	0.13	0.59	0.35	0.59	1.46

Difference of Type not included

ÇHANGES AU PAIR

Milreis 16[d] — **Paris** : Dollar 5.18, Livre 25.20, Franc belge 100, Florin 2.08, Mark 1.235, Lire 100 et cours correspondants pour les autres places, voir tableau page 13.

Écart de Type non compris

BRÉSIL (Santos)	COUT-&-FRET			HAVRE Anvers	N.-Y.	LOND.	HOLL.	HAMB.	GÊNES Trieste
Reis p. 10k	cts p. lb.	shs p. cwt	Frs p. 50 k.	Frs p. 50 k.	cts p. lb.	shs p. cwt	cts p. ½ k.	pfs p. ½ k.	Lir. p. 100k
8527	15.84	73.84	91.63	**100**	17.03	79.01	47.15	78.62	194.19
8636	16.01	74.60	92.57	**101**	17.20	79.80	47.62	79.40	196.13
8745	16.17	75.35	93.50	**102**	17.37	80.59	48.09	80.19	198.07
8854	16.34	76.10	94.41	**103**	17.54	81.38	48.56	80.98	200.01
8963	16.50	76.86	95.37	**104**	17.71	82.17	49 04	81.76	201.96
9072	16.66	77.61	96.31	**105**	17.88	82.96	49.51	82.55	203.90
9181	16.83	78.36	97.24	**106**	18.05	83.75	49.98	83.34	205.84
9290	16.99	79.12	98.18	**107**	18.22	84.54	50.45	84.12	207.78
9399	17.16	79.87	99.11	**108**	18.39	85.33	50.92	84.91	209.72
9508	17.32	80.62	100.05	**109**	18.56	86.12	51.39	85.69	211.67
9617	17.48	81.38	100.98	**110**	18.74	86.91	51.87	86.48	213.61
9726	17.65	82 13	101.92	**111**	18.91	87.70	52.34	87.27	215.55
9835	17.81	82.88	102.85	**112**	19.08	88.49	52.81	88.05	217.49
9944	17.98	83.63	103.79	**113**	19.25	89.28	53.28	88.84	219 43
10053	18.14	84.39	104.72	**114**	19.42	90.07	53.75	89.62	221.37
10162	18.30	85.14	105.66	**115**	19.59	90.86	54.22	90.41	223.32
10271	18.47	85.89	106.59	**116**	19.76	91.65	54.69	91.20	225.26
10380	18.63	86.65	107.53	**117**	19.93	92.44	55.17	91.98	227.20
10489	18.80	87.40	108.46	**118**	20.10	93.23	55.64	92.77	229.14
10598	18.96	88.15	109.40	**119**	20.27	94.02	56.11	93.56	231.08
10707	19.12	88.91	110.33	**120**	20.44	94.81	56.58	94.34	233.03
10816	19.29	89.66	111.27	**121**	20.61	95.60	57.05	95.13	234.97
10925	19.45	90.41	112.20	**122**	20.78	96.39	57.52	95.91	236.91
11034	19.62	91.17	113.14	**123**	20.95	97.18	57 99	96.70	238.85
11144	19.78	91.92	114.07	**124**	21.12	97.97	58.47	97.49	240.79
27	0.04	0.19	0.23	0.25	0.04	0.20	0.12	0.20	0.49
55	0.08	0.38	0.47	0.50	0.09	0.39	0.23	0.39	0.97
82	0.12	0.57	0.70	0 75	0.13	0.59	0.35	0.59	1.46

Difference of Type not included

CHANGES AU PAIR

Milreis 16[d] — **Paris** : Dollar 5.18, Livre 25.20, Franc belge 100, Florin 2.08, Mark 1.235, Lire 100 et cours correspondants pour les autres places, voir tableau page 13.

Écart de Type non compris

BRÉSIL (Santos)	COUT-&-FRET			HAVRE Anvers	N.-Y.	LOND.	HOLL.	HAMB.	GÊNES Trieste
Reis p. 10k	cts p. lb.	shs p. cwt	Fcs p. 50 k.	Fcs p. 50 k.	cts p. lb.	shs p. cwt	cts p. ½ k.	pfs p. ½ k.	Lir. p. 100k
11253	19.95	92.67	115.04	**125**	21.29	98.76	58.94	98.27	242.74
11362	20.11	93.43	115.94	**126**	21.46	99.55	59.41	99.06	244.68
11471	20.27	94.18	116.88	**127**	21.63	100.34	59 88	99.85	246.62
11580	29.44	94.93	117.81	**128**	21.80	101.13	60.35	100.63	248.56
11689	20.60	95.69	118.75	**129**	21.97	101.92	60.82	101.42	250.50
11798	20.77	96.44	119.68	**130**	22.14	102.71	61.30	102.20	252.44
11907	20.93	97.19	120.62	**131**	22.31	103.50	61.77	102.99	254.39
12016	21.09	97.95	121.55	**132**	22.48	104.29	62.24	103.78	256.33
12125	21.26	98.70	122.49	**133**	22.65	105.08	62.71	104.56	258.27
12234	21.42	99.45	123.42	**134**	22.82	105.87	63.18	105.35	260.21
12343	21.59	100.21	124.36	**135**	22.99	106.66	63.65	106.14	262.15
12452	21.75	100.96	125.29	**136**	23.16	107.45	64.12	106.92	264.10
12561	21.91	101.71	126.23	**137**	23.33	108.24	64.60	107.71	266.04
12670	22.08	102.46	127.16	**138**	23.50	109.03	65.07	108.49	267.98
12779	22.24	103.22	128.10	**139**	23.67	109.82	65.54	109.28	269.92
12888	22.41	103 97	129.03	**140**	23.85	110.61	66.01	110.07	271.86
12997	22.57	104.72	129.97	**141**	24.02	111.40	66.48	110.85	273.81
13106	22 73	105.48	130.90	**142**	24.19	112.19	66.95	111.64	275.75
13215	22.90	106.23	131.84	**143**	24.36	112.98	67.42	112 42	277.69
13324	23.06	106.98	132.77	**144**	24.53	113.77	67.90	113.21	279.63
13433	23.23	107.74	133.71	**145**	24.70	114.56	68.37	114.—	281.57
13542	23.39	108.49	134.64	**146**	24.87	115.35	68.84	114.78	283.52
13651	23.56	109.24	135.58	**147**	25.04	116.14	69.31	115.57	285.46
13760	23.72	110.—	136.51	**148**	25.21	116.93	69.78	116.36	287.40
13870	23.88	110.75	137.45	**149**	25.38	117.72	70.25	117.14	289.34
27	0.04	0.19	0.23	0.25	0.04	0.20	0.12	0.20	0.49
55	0.08	0.38	0.47	0.50	0.09	0.39	0.23	0.39	0.97
82	0.12	0.57	0.70	0.75	0.13	0.59	0.35	0.59	1.46

Difference of Type not included

CHANGES AU PAIR

Milreis 16[d] – **Paris :** Dollar 5.18, Livre **25.20**, Franc belge **100**, Florin **2.08**, Mark **1.235**, Lire **100** et cours correspondants pour les autres places, voir tableau page 13.

Écart de Type non compris

BRÉSIL (Santos)	COUT-&-FRET			HAVRE Anvers	N.-Y.	LOND.	HOLL.	HAMB.	GÊNES Trieste
Reis p.10k	cts p. lb.	shs p. cwt	Fcs p.50 k.	Fcs p.50 k.	cts p. lb.	shs p. cwt	cts p. ½ k	pfs p. ½ k.	Lir. p.100k
13979	24.05	111.50	138.38	**150**	25.55	118.51	70.73	117.93	291.28
14088	24.21	112.26	139.32	**151**	25.72	119.30	71.20	118.71	293.22
14197	24.38	113.01	140.25	**152**	25.89	120.09	71.67	119.50	295.17
14306	24.54	113.76	141.19	**153**	26.06	120.88	72.14	120.29	297.11
14415	24.70	114.52	142.12	**154**	26.23	121.67	72.61	121.07	299.05
14524	24.87	115.27	143.06	**155**	26.40	122.46	73.08	121.86	300.99
14633	25.03	116.02	143.99	**156**	26.57	123.25	73.56	122.65	302.93
14742	25.20	116.78	144.93	**157**	26.74	124.04	74.03	123.43	304.88
14851	25.36	117.53	145.86	**158**	26.91	124.83	74.50	124.22	306.82
14960	25.52	118.28	146.80	**159**	27.08	125.62	74.97	125.—	308.76
15069	25.69	119.04	147.73	**160**	27.25	126.41	75.44	125.79	310.70
15178	25.85	119.79	148.67	**161**	27.42	127.20	75.91	126.58	312.64
15287	26.02	120.54	149.60	**162**	27.59	127.99	76.38	127.36	314.58
15396	26.18	121.29	150.54	**163**	27.76	128.78	76.85	128.15	316.53
15505	26.34	122.05	151.47	**164**	27.93	129.57	77.33	128.93	318.47
15614	26.51	122.80	152.41	**165**	28.10	130.36	77.80	129.72	320.41
15723	26.67	123.55	153.34	**166**	28.27	131.15	78.27	130.51	322.35
15832	26.84	124.31	154.28	**167**	28.44	131.94	78.74	131.29	324.29
15941	27.—	125.06	155.21	**168**	28.61	132.73	79.21	132.08	326.24
16050	27.16	125.81	156.15	**169**	28.78	133.52	79.68	132.87	328.18
16159	27.33	126.57	157.08	**170**	28.96	134.32	80.16	133.65	330.12
16268	27.49	127.32	158.02	**171**	29.13	135.11	80.63	134.44	332.06
16377	27.66	128.07	158.95	**172**	29.30	135.90	81.10	135.22	334.—
16486	27.82	128.83	159.89	**173**	29.47	136.69	81.57	136.01	335.95
16596	27.99	129.58	160.82	**174**	29.64	137.48	82.04	136.80	337.89
27	0.04	0.19	0.23	0.25	0.04	0.20	0.12	0.20	0.49
55	0.08	0.38	0.47	0.50	0.09	0.39	0.23	0.39	0.97
82	0.12	0.57	0.70	0.75	0.13	0.59	0.35	0.59	1.46

Difference of Type not included

CHANGES AU PAIR

Milreis 16d — **Paris** : Dollar 5.18, Livre 25.20, Franc belge 100. Florin 2.08, Mark 1.235. Lire 100 et cours correspondants pour les autres places, voir tableau page 13.

Écart de Type non compris

BRÉSIL (Santos)	COUT-&-FRET			HAVRE Anvers	N.-Y.	LOND.	HOLL.	HAMB.	GÊNES Trieste
Reis p. 10 k.	cts p. lb.	shs p. cwt	Fcs p. 50 k.	Fcs p. 50 k.	cts p. lb.	shs p. cwt	cts p. ½ k.	pfs p. ½ k.	Lir. p. 100 k
16705	28.15	130.33	161.76	**175**	29.81	138.26	82.51	137.58	339.83
16814	28.31	131.09	162.69	**176**	29.98	139.06	82.99	138.37	341.77
16923	28.48	131.84	163.63	**177**	30.15	139.85	83.46	139.15	343.71
17032	28.64	132.59	164.56	**178**	30.32	140.64	83.93	139.94	345.66
17141	28.81	133.35	165 50	**179**	30.49	141.43	84.40	140.73	347.60
17250	28.97	134.10	166.43	**180**	30.66	142.22	84.87	141.51	349.54
17359	29 13	134.85	167.37	**181**	30.83	143.01	85.34	142.30	351.48
17468	29 30	135 61	168.30	**182**	31.—	143.80	85.81	143.09	353 42
17577	29.46	136.36	169.24	**183**	31.17	144.59	86.29	143.87	355.36
17686	29.63	137.11	170.17	**184**	31.34	145.38	86.76	144.66	357.31
17795	29.79	137.87	171.11	**185**	31.51	146.17	87.23	145.44	359.25
17904	29.95	138.62	172.04	**186**	31.68	146.96	87.70	146.23	361.19
18013	30.12	139.37	172.98	**187**	31.85	147 75	88.17	147.02	363.13
18122	30.28	140.12	173.91	**188**	32.02	148.54	88.64	147.80	365.07
18231	30.45	140.88	174.85	**189**	32.19	149.33	89.11	148.59	367.02
18340	30.61	141 63	175 78	**190**	32.36	150.12	89.59	149.38	368.96
18449	30.78	142.38	176.72	**191**	32.53	150.91	90.06	150.16	370.90
18558	30.94	143.14	177.65	**192**	32 70	151.70	90.53	150.95	372.84
18667	31.10	143.89	178 59	**193**	32.87	152.49	91.—	151 73	374.78
18776	31.27	144.64	179.52	**194**	33.04	153 28	91.47	152.52	376 72
18885	31.43	145 40	180.46	**195**	33.21	154.07	91.95	153.31	378.67
18994	31.60	146.15	181.39	**196**	33.38	154 86	92.42	154.09	380.61
19103	31.76	146.90	182.33	**197**	33.55	155.65	92.89	54.88	382.55
19212	31.92	147.66	183.26	**198**	33.72	156 44	93.36	155.66	384.49
19322	32.09	148.41	184 20	**199**	33.89	157.23	93 83	156.45	386.43
27	0.04	0.19	0.23	0.25	0.04	0.20	0.12	0.20	0.49
55	0.08	0.38	0.47	0.50	0.09	0.39	0.23	0.39	0.97
82	0.12	0.57	0.70	0.75	0.13	0.59	0.35	0.59	1.46

Difference of Type not included

PARITÉS

DEUXIÈME PARTIE

Prix de 50 à 250 Francs

CHANGES MOYENS

sur :	BRÉSIL	LOND.	N.-Y.	PARIS	BELG.	ALLEM.	HOLL.	ITALIE
BRÉSIL	—	8^{d}	13.33	—	—	—	—	—
LONDRES	8^{d}	—	4.00	50.—	50.—	200.—	11.765	83.333
NEW-YORK	7.500	4.00	—	12.50	12.50	50.—	2.941	20.833
PARIS	600	50.—	8.—	—	1.00	4.—	0.235	1.666
BELGIQUE	600	50.—	8.—	1.00	—	4.—	0.235	1.666
ALLEMAGNE...	150	200.—	2.—	0.25	0.25	—	0.059	0.417
HOLLANDE	2.550	11.76	34.—	4.25	4.25	17.—	—	7.083
ITALIE........	360	83.33	4.80	0.60	0.60	2.40	0.141	—

CHANGES MOYENS

Milreis 8[d] — **Paris** : Dollar 12.50, Livre 50.—, Franc belge 100, Florin 4.25, Mark 0.25, Lire 0.60 et cours correspondants pour les autres places, voir tableau page 23.

Ecart de Type non compris

BRÉSIL (Santos)	COUT-&-FRET			HAVRE Anvers	N.-Y.	LOND.	HOLL.	HAMB.	GÈNES Trieste
Reis p. 10 k	cts p. lb.	shs p. cwt	Frs p. 50 k.	Frs p. 50 k.	cts p. lb.	shs p. cwt	cts p. ½ k.	pfs p. ½ k.	Lir. p. 100 k
3099	3.42	18.25	44.88	**50**	3.53	19.91	11.54	194.19	161.82
3200	3 49	18.63	45.82	**51**	3.60	20.31	11.77	198.07	165.06
3300	3.26	19 01	46.75	**52**	3.67	20.71	12.—	201.95	168.30
3401	3 33	19.39	47.69	**53**	3.74	21.10	12.23	205.84	171.53
3502	3 40	19.77	48.62	**54**	3.81	21.50	12 46	209.72	174.77
3603	3.46	20 15	49.56	**55**	3.88	21.90	12.69	213.61	178.01
3704	3 53	20 53	50.49	**56**	3.95	22.30	12.92	217.49	181.24
3805	3 60	20.91	51.43	**57**	4.02	22.70	13.15	221.37	184.48
3906	3.67	21.29	52.36	**58**	4.09	23.10	13.38	225.26	187.71
4007	3.74	21.67	53.30	**59**	4.16	23.49	13.61	229.14	190.95
4107	3.80	22.05	54.23	**60**	4.24	23.89	13.85	233.03	194.19
4208	3.87	22.43	55.17	**61**	4.31	24.29	14.08	236.91	197.42
4309	3.94	22.81	56.10	**62**	4.38	24.69	14.31	240.79	200.66
4410	4.01	23.19	57.04	**63**	4.45	25.09	14.54	244.68	203.90
4511	4.08	23.57	57.97	**64**	4.52	25.48	14.77	248.56	207.13
4612	4 14	23.95	58.91	**65**	4.59	25.88	15.—	252.45	210.37
4713	4.21	24.33	59.84	**66**	4.66	26.28	15.23	256.33	213.61
4814	4.28	24.71	60.78	**67**	4.73	26.68	15.46	260 21	216.84
4914	4.35	25.09	61.71	**68**	4.80	27 08	15.69	264.10	220.08
5015	4.42	25.47	62 65	**69**	4.87	27.48	15.92	267.98	223.31
5116	4.48	25.84	63.58	**70**	4.94	27.87	16.15	271.86	226.55
5217	4 55	26.22	64.52	**71**	5.01	28.27	16.38	275.75	229.79
5318	4.62	26.60	65.45	**72**	5.08	28.67	16.61	279.63	233.02
5419	4.69	26.98	66.39	**73**	5.15	29.07	16.85	283.51	236.26
5520	4.76	27.36	67.32	**74**	5 22	29.47	17.08	287.40	239.50
25	0.02	0.09	0 23	0.25	0.02	0.10	0.06	0.97	0.81
50	0.03	0.19	0.47	0.50	0.03	0.20	0.11	1.94	1.62
75	0.05	0.28	0.70	0.75	0.05	0.30	0.17	2.91	2.43

Difference of Type not included

CHANGES MOYENS

Milreis 8d — **Paris** : Dollar 12.50. Livre 50.—, Franc belge 100, Florin 4.25, Mark 0.25, Lire 0.60 et cours correspondants pour les autres places, voir tableau page 23.

Écart de Type non compris

BRÉSIL (Santos)	COUT-&-FRET			HAVRE Anvers	N.-Y.	LOND.	HOLL.	HAMB.	GÊNES Trieste
Reis p. 10k	cts p. lb.	shs p. cwt	Frs p. 50 k.	Frs p. 50 k.	cts p. lb.	shs p. cwt	cts p. ½ k.	pfs p. ½ k.	Lir. p. 100k
5621	4.82	27.74	68 26	**75**	5.29	29.87	17.31	291.28	242.74
5721	4.89	28.12	69.19	**76**	5.36	30.26	17.54	295.17	245.97
5822	4.96	28.50	70.13	**77**	5.43	30.66	17.77	299.05	249.21
5923	5.03	28.88	71 06	**78**	5.50	31.06	18.—	302.93	252.44
6024	5.10	29.26	72.—	**79**	5.58	31.46	18.23	306.82	255.68
6125	5.16	29.64	72 93	**80**	5.65	31.86	18.46	310.70	258.92
6226	5.23	30.02	73.87	**81**	5.72	32.25	18.69	314.58	262.15
6327	5.30	30.40	74.80	**82**	5.79	32.65	18.92	318 47	265.39
6428	5.37	30.78	75.74	**83**	5.86	33.05	19.15	322.35	268.63
6528	5.44	31.16	76.67	**84**	5.93	33.45	19.38	326 24	271.86
6629	5.50	31.54	77.61	**85**	6.—	33 85	19.62	330 12	275.10
6730	5.57	31.92	78.54	**86**	6.07	34.25	19.85	334.—	278.34
6831	5.64	32.30	79.48	**87**	6.14	34.64	20.08	337.89	281.57
6932	5.71	32.68	80.41	**88**	6.21	35.04	20.31	341.77	284.81
7036	5.78	33.06	81.35	**89**	6.28	35.44	20.54	345.65	288.04
7146	5.84	33.44	82.28	**90**	6.35	35.84	20.77	349.54	291.28
7256	5.91	33.81	83.22	**91**	6.42	36.24	21.—	353 42	294 52
7366	5.98	34.19	84.15	**92**	6.49	36.63	21.23	357.31	297.75
7476	6.05	34.57	85.09	**93**	6.56	37.03	21.46	361.19	300.99
7586	6.12	34.95	86.02	**94**	6.64	37.43	21.69	365 07	304.23
7696	6.18	35.33	86.96	**95**	6.71	37.83	21 92	368.96	307.46
7806	6.25	35.71	87.89	**96**	6.78	38.23	22.15	372.84	310.70
7915	6.32	36.09	88.83	**97**	6.85	38.63	22.38	376.72	313.94
8025	6.39	36.47	89.76	**98**	6.92	39.02	22.61	380.61	317.17
8135	6.46	36.85	90.70	**99**	6.99	39.42	22.85	384.49	320.41
25	0.02	0.09	0.23	0 25	0.02	0.10	0.06	0.97	0 81
50	0.03	0.19	0 47	0.50	0.03	0.20	0.11	1.94	1.62
75	0.05	0.28	0.70	0.75	0.05	0.30	0.17	2.91	2.43

Difference of Type not included

CHANGES MOYENS

Milreis 8^{d} — **Paris :** Dollar 12.50, Livre 50.—, Franc belge 100, Florin 4.25, Mark 0.25, Lire 0.60 et cours correspondants pour les autres places, voir tableau page 23.

Écart de Type non compris

BRÉSIL (Santos)	COUT-&-FRET			HAVRE Anvers	N.-Y.	LOND.	HOLL.	HAMB.	GÊNES Trieste
Reis p. 10 k	cts p. lb.	shs p. cwt	Fcs p. 50 k.	Frs p. 50 k.	cts p. lb.	shs p. cwt	cts p. ½ k.	pfs p. ½ k.	Lir. p. 100k
8245	6.52	37.23	91.63	**100**	7.06	39.82	23.08	388.38	323.65
8355	6.59	37.61	92.57	**101**	7.13	40.22	23.31	392.26	326.88
8465	6.66	37.99	93.50	**102**	7.20	40.62	23.54	396.14	330.42
8575	6.73	38.37	94.44	**103**	7.27	41.01	23 77	400.03	333.36
8685	6.80	38.75	95.37	**104**	7.34	41.41	24.—	403.91	336.59
8795	6.86	39.13	96.31	**105**	7.41	41.81	24.23	407.80	339.83
8905	6.93	39.51	97.24	**106**	7.48	42.21	24.46	411.68	343.07
9015	7.—	39.89	98.18	**107**	7.55	42.61	24.69	415.56	346.30
9125	7 07	40.27	99.11	**108**	7.62	43 01	24.92	419.45	349.54
9235	7.14	40.65	100.05	**109**	7.69	43.40	25.15	423.33	352.77
9345	7.20	41.03	100 98	**110**	7.77	43.80	25.38	427.21	356.04
9455	7.27	41.41	101.92	**111**	7.84	44.20	25.61	431.10	359.25
9565	7.34	41.79	102.85	**112**	7.91	44.60	25 84	434.98	362.48
9675	7.41	42 17	103.79	**113**	7.98	45.—	26.08	438.86	365.72
9785	7.48	42.55	104 72	**114**	8.05	45.39	26.31	442.75	368.96
9895	7.54	42.93	105.66	**115**	8.12	45.79	26.54	446.63	372.19
10005	7.61	43.30	106.59	**116**	8.19	46.19	26.77	450.52	375.43
10115	7.68	43.68	107.53	**117**	8.26	46.59	27.—	454.40	378.67
10225	7.75	44.06	108.46	**118**	8.33	46.99	27.23	458.28	381.90
10335	7.82	44.44	109.40	**119**	8.40	47.39	27.46	462.17	385.14
10444	7.88	44.82	110.33	**120**	8.47	47.78	27.69	466.05	388.38
10554	7.95	45.20	111.27	**121**	8.54	48.18	27.92	469.94	391.61
10664	8.02	45.58	112.20	**122**	8.61	48.58	28.15	473.82	394.85
10774	8.09	45.96	113.14	**123**	8.68	48.98	28.38	477.70	398.08
10884	8.16	46.34	114.07	**124**	8.75	49.38	28.62	481.59	401.32
27	0.02	0.09	0 23	0.25	0.02	0.10	0.06	0.97	0.81
55	0.03	0.19	0.47	0.50	0.03	0.20	0.11	1.94	1.62
82	0.05	0.28	0.70	0.75	0.05	0.30	0.17	2.91	2.43

Difference of Type not included

CHANGES MOYENS

Milreis 8[d] — **Paris** : Dollar 12,50, Livre 50.—, Franc belge 100, Florin 4.25, Mark 0.25, Lire 0.60 et cours correspondants pour les autres places. voir tableau page 23.

Ecart de Type non compris

BRÉSIL (Santos)	COUT-&-FRET			HAVRE Anvers	N.-Y.	LOND.	HOLL.	HAMB.	GÊNES Trieste
Reis p. 10k	cts p. lb.	shs p. cwt	Frs p. 50 k.	Frs p. 50 k.	cts p. lb.	shs p. cwt	cts p. ½ k.	pfs p. ½ k.	Lir. p. 100k
10994	8.22	46.72	115.01	**125**	8.82	49.78	28.85	485.47	404.56
11104	8.29	47.10	115.94	**126**	8 89	50.17	29.08	489.35	407.80
11214	8.36	47.48	116.88	**127**	8.96	50.57	29.31	493.24	411.03
11324	8.43	47.86	117.81	**128**	9.03	50.97	29.54	497.12	414.27
11434	8.50	48.24	118 75	**129**	9.11	51.37	29.77	501.01	417.50
11544	8.56	48.62	119.68	**130**	9.18	51.77	30.—	504 89	420.74
11654	8.63	49.—	120 62	**131**	9.25	52.16	30.23	508.77	423.98
11764	8.70	49.38	121.55	**132**	9.32	52.56	30.46	512.66	427.21
11874	8.77	49.76	122.49	**133**	9.39	52.96	30.69	516.54	430.45
11984	8.84	50.14	123.42	**134**	9.46	53.36	30.92	520.42	433.69
12094	8.90	50.52	124.36	**135**	9.53	53.76	31.15	524.31	436.92
12204	8.97	50 90	125.29	**136**	9.60	54.16	31.38	528.19	440.16
12314	9.04	51.28	126.23	**137**	9.67	54.55	31.61	532.07	443.40
12424	9.11	51.66	127.16	**138**	9.74	54.95	31.85	535.96	446.63
12534	9.18	52 04	128.10	**139**	9.81	55.35	32.08	539.84	449.87
12644	9.24	52 42	129.03	**140**	9.88	55.75	32.31	543.73	453.11
12754	9.31	52.80	129.97	**141**	9.95	56.15	32.54	547.61	456.34
12864	9.38	53.18	130.90	**142**	10.02	56.54	32.77	551.49	459.58
12973	9.45	53.56	131.84	**143**	10 09	56.94	33.—	555.38	462.81
13083	9.52	53.94	132.77	**144**	10.16	57.34	33.23	559.26	466.05
13193	9.58	54.31	133.71	**145**	10.24	57.74	33.46	563.15	469.29
13303	9.65	54.69	134.64	**146**	10.31	58.14	33.69	567.03	472.52
13413	9.72	55.07	135.58	**147**	10.38	58.54	33.92	570.91	475.76
13523	9.79	55.45	136.51	**148**	10.45	58.93	34.15	574.80	479.—
13633	9.86	55.83	137.45	**149**	10.52	59.33	34.38	578.68	482.23
27	0.02	0.09	0.23	0.25	0.02	0.10	0.06	0.97	0.81
55	0.03	0.19	0.47	0.50	0.03	0.20	0.11	1.94	1.62
82	0.05	0.28	0.70	0.75	0.05	0.30	0.17	2.91	2.43

Difference of Type not included

CHANGES MOYENS

Ilreis 8d — **Paris** : Dollar 12.50, Livre 50.—, Franc belge 100, Florin 4.25, Mark 0.25, Lire 0.60 et cours correspondants pour les autres places, voir tableau page 23.

Ecart de Type non compris

BRÉSIL (Santos)	COUT-&-FRET			HAVRE Anvers	N.-Y.	LOND.	HOLL.	HAMB.	GÊNES Trieste
Reis p. 10 k	cts p. lb.	shs p. cwt	Frs p. 50 k.	Frs p. 50 k.	cts p. lb.	shs p. cwt	cts p. ½ k.	pfs p. ½ k.	Lir. p. 100 k
13743	9.92	56.21	138.38	**150**	10.59	59.73	34.64	582.56	485.47
13853	9.99	56.59	139.32	**151**	10.66	60.13	34.85	586.45	488.71
13963	10.06	56.97	140.25	**152**	10.73	60.53	35.08	590.33	491.94
14073	10.13	57.35	141.19	**153**	10.80	60.92	35.31	594.22	495.18
14183	10.20	57.73	142.12	**154**	10.87	61.32	35.54	598.10	498.42
14293	10.26	58.11	143.06	**155**	10.94	61 72	35 77	601.98	501.65
14403	10.33	58.49	143.99	**156**	11.01	62 12	36.—	605.87	504.89
14513	10.40	58.87	144.93	**157**	11.08	62.52	36.23	609.75	508.13
14623	10.47	59.25	145.86	**158**	11.15	62.92	36.46	613.64	511.36
14733	10.54	59.63	146.80	**159**	11.22	63.31	36 69	617.52	514.60
14843	10.60	60.01	147 73	**160**	11.29	63.71	36.92	621.40	517.84
14953	10.67	60.39	148.67	**161**	11.36	64.11	37.15	625.29	521.07
15063	10.74	60.77	149.60	**162**	11.43	64.51	37.38	629.17	524.31
15173	10.81	61.15	150.54	**163**	11.51	64.91	37.62	633.05	527.54
15283	10.88	61.53	151.47	**164**	11.58	65.30	37.85	636.94	530.78
15393	10.94	61.91	152.41	**165**	11.65	65.70	38.08	640.82	534.02
15502	11.01	62.29	153.34	**166**	11.72	66.10	38.31	644.71	537 25
15612	11.08	62.67	154.28	**167**	11.79	66.50	38.54	648.59	540.49
15722	11.15	63.05	155.21	**168**	11.86	66.90	38.77	652.47	543.73
15832	11.22	63.43	156.15	**169**	11.93	67.30	39.—	656.36	546.96
15942	11.28	63.80	157.08	**170**	12.—	67.69	39.23	660.24	550 20
16052	11.35	64.18	158.02	**171**	12.07	68.09	39.46	664.12	553.44
16162	11.42	64.56	158.95	**172**	12.14	68.49	39.69	668.01	556.67
16272	11.49	64.94	159.89	**173**	12.21	68.89	39.92	671.89	559.91
16382	11.56	65 32	160.82	**174**	12.28	69.29	40.15	675 78	563 14
27	0.02	0.09	0.23	0.25	0.02	0.10	0.06	0.97	0.81
55	0.03	0.19	0.47	0.50	0.03	0.20	0.11	1.94	1.62
82	0.05	0.28	0.70	0.75	0.05	0.30	0.17	2 91	2.43

Difference of Type not included

CHANGES MOYENS

Milreis 8d — **Paris** : Dollar 12.50, Livre 50.—, Franc belge 100, Florin 4.25, Mark 0.25, Lire 0.60 et cours correspondants pour les autres places, voir tableau page 23.

Écart de Type non compris

BRÉSIL (Santos)	COUT-&-FRET			HAVRE Anvers	N.-Y.	LOND.	HOLL.	HAMB.	GÊNES Trieste
Reis p. 10k	cts p. lb.	shs p. cwt	Fcs p. 50 k.	Frs p. 50 k.	cts p. lb.	shs p. cwt	cts p. ½ k.	pfs p. ½ k.	Lir. p. 100k
16492	11.62	65.70	161.76	**175**	12.35	69.69	40.38	679.66	566.38
16602	11.69	66.08	162.69	**176**	12.42	70.08	40.61	683.54	569.62
16712	11.76	66.46	163.63	**177**	12.49	70.48	40.84	687.43	572.85
16822	11.83	66.84	164.56	**178**	12.56	70.88	41.08	691.31	576.09
16932	11.90	67.22	165.50	**179**	12.64	71.28	41.31	695.49	579.33
17042	11.96	67.60	166.43	**180**	12.71	71.68	41.54	699.08	582.56
17152	12.03	67.98	167.37	**181**	12.78	72.07	41.77	702.96	585.80
17262	12.10	68.36	168.30	**182**	12.85	72.47	42.—	706.84	589.04
17372	12.17	68.74	169.24	**183**	12.92	72.87	42.23	710.73	592.27
17482	12.24	69.12	170.17	**184**	12.99	73.27	42.46	714.61	595.51
17592	12.30	69.50	171.11	**185**	13.06	73.67	42.69	718.50	598.75
17702	12.37	69.88	172.04	**186**	13.13	74.07	42.92	722.38	601.98
17812	12.44	70.26	172.98	**187**	13.20	74.46	43.15	726.26	605.22
17921	12.51	70.64	173.91	**188**	13.27	74.86	43.38	730.15	608.45
18031	12.58	71.02	174.85	**189**	13.34	75.26	43.62	734.03	611.69
18141	12.64	71.40	175.78	**190**	13.41	75.66	43.85	737.92	614.93
18251	12.71	71.78	176.72	**191**	13.48	76.06	44.08	741.80	618.16
18361	12.78	72.16	177.65	**192**	13.55	76.45	44.31	745.68	621.40
18471	12.85	72.54	178.59	**193**	13.62	76.85	44.54	749.57	624.64
18581	12.92	72.92	179.52	**194**	13.69	77.25	44.77	753.45	627.87
18691	12.98	73.30	180.46	**195**	13.77	77.65	45.—	757.34	631.11
18801	13.05	73.67	181.39	**196**	13.84	78.05	45.23	761.22	634.35
18911	13.12	74.05	182.33	**197**	13.91	78.45	45.46	765.10	637.58
19021	13.19	74.43	183.26	**198**	13.98	78.84	45.69	768.99	640.82
19131	13.26	74.81	184.20	**199**	14.05	79.24	45.92	772.87	644.06
27	0.02	0.09	0.23	0.25	0.02	0.10	0.06	0.97	0.81
55	0.03	0.19	0.47	0.50	0.03	0.20	0.11	1.94	1.62
82	0.05	0.28	0.70	0.75	0.05	0.30	0.17	2.91	2.43

Difference of Type not included

CHANGES MOYENS

Milreis 8d — **Paris :** Dollar 12.50. Livre 50.—. Franc belge 100. Florin 4.25, Mark 0.25, Lire 0.60 et cours correspondants pour les autres places, voir tableau page 23.

Écart de Type non compris

BRÉSIL (Santos)	COUT-& FRET			HAVRE Anvers	N.-Y.	LOND.	HOLL.	HAMB.	GÊNES Trieste
Reis p. 10k	cts p. lb.	shs p. cwt	Fcs p. 50 k.	Fcs p. 50 k.	cts p. lb.	shs p. cwt	cts p. ½ k.	pfs p. ½ k.	Lir. p. 100k
19241	13.32	75.19	185.13	**200**	14.42	79.64	46.15	776.75	647.29
19351	13 39	75.57	186.07	**201**	14.49	80.04	46.38	780.64	650.54
19461	13.46	75.95	187..—	**202**	14.26	80.44	46.61	784.52	653·77
19571	13 53	76.33	187.94	**203**	14.33	80.83	46.84	788.40	657.—
19681	13.60	76.71	188.87	**204**	14.40	81.23	47.08	792.29	660.24
19791	13.66	77.09	189.81	**205**	14.47	81.63	47.31	796.17	663.48
19901	13.73	77.47	190.74	**206**	14.54	82.03	47.54	800.06	666.71
20011	13.80	77.85	191.68	**207**	14 61	82 43	47.77	803.94	669.95
20121	13.87	78.23	192.61	**208**	14.68	82.83	48.—	807 82	673 18
20231	13.94	78.61	193.55	**209**	14.75	83 22	48.23	811 71	676.42
20341	14.--	78 99	194 48	**210**	14.82	83.62	48.46	815 59	679.66
20450	14.07	79.37	195.42	**211**	14 89	84.02	48.69	819.47	682.89
20560	14 14	79.75	196.35	**212**	14.96	84.42	48 92	823.36	686 13
20670	14.21	80.13	197 29	**213**	15.03	84.82	49.15	827.24	689.37
20780	14.28	80.51	198.22	**214**	15.11	85.21	49.38	831.13	692.60
20890	14 34	80.89	199 16	**215**	15.18	85.61	49.62	835 01	695.84
21000	14.41	81.27	200.09	**216**	15.25	86 01	49 85	838.89	699.08
21110	14.48	81.65	201.03	**217**	15.32	86 41	50.08	842.78	702.31
21220	14.55	82.03	201 96	**218**	15.39	86.81	50.31	846.66	705.55
31330	14.62	82.41	202.90	**219**	15.46	87.21	50.54	850.55	708.79
21440	14.68	82.79	203.83	**220**	15.53	87.60	50.77	854.43	712.02
21550	14.75	83.16	204 77	**221**	15.60	88.—	51.—	858.31	715.26
21660	14.82	83.54	205.70	**222**	15.67	88.40	51.23	862.20	718.49
21770	14 89	83.92	206.64	**223**	15.74	88.80	51.46	866.08	721.73
21880	14.96	84.30	207.57	**224**	15.81	89.20	51.69	869.96	724.97
27	0.02	0.09	0.23	0.25	0.02	0.10	0.06	0.97	0.81
55	0.03	0.19	0.47	0.50	0.03	0.20	0.11	1.94	1.62
82	0.05	0.28	0.70	0.75	0.05	0.30	0.17	2.91	2.43

Difference of Type not included

CHANGES MOYENS

Milreis 8[d] — **Paris** : Dollar 12.50. Livre 50.—. Franc belge 100, Florin 4.25, Mark 0.25. Lire 0.60 et cours correspondants pour les autres places. voir tableau page 23.

Ecart de Type non compris

BRÉSIL (Santos)	COUT-&-FRET			HAVRE Anvers	N.-Y.	LOND.	HOLL.	HAMB.	GÊNES Trieste
Reis p. 10 k	cts p. lb.	shs p. cwt	Frs p. 50 k.	Frs p. 50 k.	cts p. lb	shs p. cwt	cts p. ½ k.	pfs p. ½ k.	Lir. p. 100 k
21990	15.02	84.68	208.51	**225**	15.88	89.60	51.92	873.85	728.21
22100	15.09	85.06	209 44	**226**	15.95	89.99	52.15	877.73	731.44
22210	15.16	85 44	210 38	**227**	16 02	90.39	52.38	881.61	734.68
22320	15.23	85.82	211.31	**228**	16.09	90.79	52.61	885.50	737.91
22430	15.30	86.20	212.25	**229**	16.16	91.19	52.84	889 38	741.15
22540	15.36	86.58	213.18	**230**	16.24	91 59	53.08	893.27	744.39
22650	15.43	86.96	214 12	**231**	16 31	91.99	53.31	897.15	747.62
22760	15.50	87 34	215.05	**232**	16.38	92.38	53.54	901.03	750.86
22870	15.57	87.72	215.99	**233**	16.45	92.78	53.77	904.92	754.10
22979	15 64	88.10	216.92	**234**	16.52	93 18	54.—	908.80	757.33
23089	15.70	88.48	217.86	**235**	16.59	93.58	54.23	912.69	760.57
23199	15.77	88.86	218.79	**236**	16.66	93.98	54.46	916 57	763.81
23309	15.84	89.24	219.73	**237**	16.73	94.37	54.69	920.45	767 04
23419	15.91	89.62	220.66	**238**	16 80	94.77	54.92	924 34	770.28
23529	15.98	90.—	221.60	**239**	16.87	95.17	55 15	928.22	773.52
23639	16.04	90.38	222.53	**240**	16.94	95.57	55.38	932.10	776.75
23749	16.11	90.76	223.47	**241**	17.01	95.97	55.61	935.99	779.99
23859	16.18	91.14	224.40	**242**	17.08	96.37	55.84	939.87	783.22
23969	16.25	91.52	225.34	**243**	17.15	96.76	56.08	943.75	786.46
24079	16.32	91.90	226.27	**244**	17.22	97.16	56.31	947.64	789.70
24189	16.38	92.28	227 21	**245**	17.29	97 56	56.54	951.52	792.93
24299	16.45	92.65	228.14	**246**	17.36	97.96	56.77	955.41	796.17
24409	16.52	93.03	229.08	**247**	17.43	98.36	57.—	959.29	799.41
24519	16.59	93.41	230.01	**248**	17.51	98.75	57.23	963.17	802.64
24629	16.66	93.79	230.95	**249**	17.58	99.15	57.46	967.06	805.88
27	0 02	0.09	0.23	0.25	0.02	0.10	0.06	0.97	0.81
55	0.03	0.19	0.47	0.50	0.03	0.20	0.11	1.94	1.62
82	0.05	0.28	0.70	0.75	0.05	0.30	0.17	2.91	2.43

Difference of Type not included

STATISTIQUES

Tous les chiffres des Tableaux qui suivent sont extraits de la Revue "LE CAFÉ". Revue mensuelle publiée par l'Auteur de cette Table.

Prix de l'abonnement : 50 francs par an

RÉCOLTES BRÉSILIENNES

Recettes, Expéditions et Stocks au 30 Juin

Moyennes annuelles périodiques et par Campagne (milliers de sacs)

CAMPAGNES	RECETTES					EXPÉDITIONS				Stock au 30 Juin Rio, Santos et Bahia
	Rio	Santos	Bahia	Victoria (Export.)	Total	Europe	E.-Unis	Divers (1)	Total	
1900/01 1904/05	3.760	8.061	204	375	12.400	5.965	5.842	469	12.276	1.040
1905/06 1909/10	3.384	10.121	158	391	14.054	7.661	5.524	631	13.816	2.232
1910/11 1914/15	2.827	9.404	147	411	12.789	6.981	5 286	819	13.086	748
1915/16 1919/20	2.567	9.051	212	520	12.350	4.981	6.207	922	12.110	1.948
1910/11	2 438	8.110	106	194	10.848	6.219	5.132	610	11.961	1.119
1911/12	2.484	9.972	199	382	13.037	6.364	5.002	871	12.237	1.919
1912/13	2.906	8.585	177	463	12.131	6.854	4.716	1.036	12.603	1.447
1913/14	2.960	10.855	106	536	14.457	8.278	5.894	749	14.921	983
1914/15	3.349	9.497	145	480	13.471	7.191	5.685	830	13.706	748
1915/16	3.250	11.747	298	665	15.960	8.366	6.525	803	15.694	1.014
1916/17	2.310	9.803	170	458	12.741	4.441	7.315	868	12.624	1.131
1917/18	2.958	12.169	177	532	15.836	2.744	6.451	1.138	10.333	6.634
1918/19	1.768	7.369	194	381	9.712	5.392	4.313	927	10.632	5.714
1919/20	2.549	4.169	220	562	7.500	3.964	6.429	873	11.266	1.948
1920/21	3.305	10.511	130	550	14.496	5.034	6.243	1.129	12 406	4.038
1921/22	—	—	—	—	—	—	—	—	—	—
1922/23	—	—	—	—	—	—	—	—	—	—
1923/24	—	—	—	—	—	—	—	—	—	—
1924/25	—	—	—	—	—	—	—	—	—	—

(1) Expéditions pour le Cap, l'Argentine, le Chili, etc., Cabotage et Consommation locale de Rio et Santos.

CAFÉS DES PAYS AUTRES QUE BRÉSIL

Exportations pour l'Europe (Ports de la Statistique) et les Etats-Unis (1)

Moyennes annuelles périodiques et par Campagne (milliers de sacs)

CAMPAGNES	Europe	E.-Unis	Total
1900/01 1904/05	2.694	1.299	3.993
1905/06 1909/10	2.515	1.327	3.842
1910/11 1914/15	2.761	1.606	4.367
1915/16 1919/20	1.921	2.868	4.789
1910/11	2.439	1.237	3.676
1911/12	2.973	1.364	4.337
1912/13	2.822	1.453	4.275
1913/14	3.504	1.650	5.154
1914/15	2.067	2.327	4.394
1915/16	2.436	2.365	4.801
1916/17	1.367	2.584	3.951
1917/18	657	2.354	3.011
1918/19	1.387	3.113	4.500
1919/20	3.760	3.921	7.681
1920/21	2.550	3.237	5.787
1921/22	—	—	—
1922/23	—	—	—
1923/24	—	—	—
1924/25	—	—	—

MOYENNE DES EXPORTATIONS

de 1915/16 à 1920/21

environ 5.000.000 sacs

Répartition approximative par Pays de Provenance

		Poids moyen des sacs :
Inde anglaise.....	400.000 sacs	75 kilos
Indes hollandaises.	800.000 »	60 »
Colombie..........	1.000.000 »	62 ½ »
Venezuela...	750.000 »	60 »
Guatemala	550.000 »	70 »
Salvador..........	400.000 »	70 »
Costa Rica...	200.000 »	70 »
Nicaragua..... ...	175.000 »	70 »
Mexique..........	225.000 »	75 »
Porto-Rico........	150.000 »	85 »
Haïti et Saint-Domingue...	350.000 »	85 »
Jamaïque, etc.....	50.000 »	85 »
Pays divers : Equateur Afrique, Arabie, etc.....	250.000 »	80 »
	5.000.000 sacs	**68 kilos**

(1) Chiffre des Arrivages nets (Réexportations déduites) en Europe et aux Etats-Unis, **plus** l'augmentation, ou **moins** la diminution du flottant pendant la campagne.

EXPORTATIONS DE LA COLOMBIE

(Toutes destinations)

1906/10...	moy.	600.000 sacs	1919	1.300.000 sacs
1911/15...	»	900.000 »	1920	1.400.000 »
1916/20...	»	1.200.000 »	1921	2.250.000 »

EXPORTATIONS DE LA COLOMBIE

Toutes destinations

STOCKS ET APPROVISIONNEMENT VISIBLE

(milliers de sacs)

30 Juin		1900	1904	1908	1914	1919	1920	1921	1922	1923
lavre........ ..		1.752	3.522	3.441	2.982	899	991	673	—	—
lambourg		597	1.628	2.456	2.062	—	—	91	—	—
lollande..... ..		655	914	583	704	113	117	388	—	—
nvers.........		233	284	1.257	1.050	105	120	150	—	—
ondres........		360	777	549	403	423	328	340	—	—
utres ports....		363	421	947	713	206	275	226	—	—
tocks Europe.		3.960	7.546	9.233	7.914	1.746	2.131	1.868	—	—
lottant........		257	227	189	379	1.051	337	520	—	—
pp. Vis. Europe..		4.217	7.773	9.422	8.293	2.797	2.468	2.388	—	—
tocks E.-Unis.		924	3.029	3.438	1.658	879	1.746	1.761	—	—
lottant........		167	366	278	383	629	569	335	—	—
pp. Vis. E.-Unis .		1 091	3.395	3.746	2.044	1.508	2.285	2.096	—	—
locks Brésil.....		421	1.409	994	983	5.714	1.948	4.038	—	
Monde	Brésil.. ..	3.593	9.584	12.625	9.514	8.917	4.931	6.991	—	—
	Sort. Div.	2.136	2.693	1.507	1.806	1.102	1.770	1.531	—	—
	Total......	**5.729**	**12.277**	**14.132**	**11.317**	**10.019**	**6.701**	**8.522**	—	—

CAFÉS DE LA VALORISATION

Compris dans les chiffres ci-dessus

1re Valorisation. **1906** à **1918**. Les Achats totaux du Gouvernement e l'Etat de Sao-Paulo au Brésil, au Havre, à Hambourg et New-York, n **1906**, **1907** et **1908**, se sont élevés à **10.868.000 sacs** (Approv[t] vis. u 30 Juin **1907** — **16.380.000** sacs), dont **4.025.000** sacs ont été revendus n **1907** et **1908**. Solde au **31** Déc. **1908** : **6.843.000 sacs** répartis comme uit, Consignations et Filières : Havre **1.842.000** sacs, New-York **1.742.000** acs, Hambourg **1.533.000** sacs. Anvers **1 080.000** sacs et autres ports 'Europe **646.000** sacs. Il restait au **1er** Juillet **1914**, **3.142.00 sacs,** ont **1.212.000** sacs au Havre, **1.006.000** sacs à Hambourg, **723.000** sacs Anvers et **201.000** sacs dans les autres ports d'Europe. La dernière ente a eu lieu au Havre en Juin **1918**.

2me Valorisation. **1917-1920**. Les Achats du Gouvernement de l'Etat e Sao-Paulo du **1er** Novembre **1917** au **1er** Août **1918** se sont élevés à **.073.000 sacs,** dont **2.949.000** sacs à Santos et **124.000** sacs à Rio, qui nt été revendus et expédiés en **1920**.

3me Valorisation. **1921-....** Les Achats du Gouvernement Fédéral ır les marchés brésiliens depuis le **1er** Mars **1921**, se sont élevés à **.000.000 sacs** jusqu'au **30** Juin **1921**. Ils ont continué depuis.

ARRIVAGES TOTAUX RÉELS DE L'EUROPE ET DES ETATS-UNIS

(Réexportations entre Ports de la Statistique déduites)

Moyennes annuelles périodiques et par Campagne (milliers de sacs)

CAMPAGNES	EUROPE (1)			ETATS-UNIS			EUROPE (1) & E.-UNIS		
	Brésil	Sortes Diverses	Totaux	Brésil	Sortes Diverses	Totaux	Brésil	Sortes Diverses	Totaux
1900 01 1904 05	5.903	2.700	8.603	5.915	1.299	7.214	11.818	3.999	15.817
1905 06 1909 10	7.637	2.517	10.154	5.593	1.326	6.919	13.230	3.843	17.073
1910 11 1914 15	6.836	2.752	9.588	5.344	1.605	6.949	12.180	4.357	16.537
1915 16 1919 20	4.960	1.935	6.895	6.149	2.869	9.018	11.109	4.804	15.913
1910 11	5.787	2.435	8.222	5.153	1.213	6.366	10.940	3.648	14.588
1911 12	6.137	2.958	9.095	5.177	1.380	6.557	11.314	4.338	15.652
1912 13	6.757	2.833	9.590	4.906	1.432	6.338	11.663	4.265	15 928
1913 14	8.211	3.509	11.720	5.681	1.669	7.350	13.892	5.178	19.070
1914 15	7 290	2 022	9.312	5.802	2.332	8.134	13.092	4.354	17.440
1915 16	8.190	2.504	10.694	6.626	2.372	8 998	14.816	4.876	19.692
1916 17	4.534	1.367	5.901	7.057	2.584	9.641	11.591	3 951	15.542
1917 18	2.826	657	3.483	5.841	2.354	8 195	8.667	3.011	11.678
1918 19	4.644	1.387	6.031	4.660	3.113	7.773	9.304	4.500	13.804
1919 20	4.604	3.760	8 364	6.563	3 921	10.484	11 167	7.681	18.848
1920 21	4.824	2.550	7 374	6.504	3.237	9.741	11.328	5.787	17.115
1921 22	—	—	—	—	—	—	—	—	—
1922 23	—	—	—	—	—	—	—	—	—
1923 24	—	—	—	—	—	—	—	—	—
1924/25	—	—	—	—	—	—	—	—	—

(1) Y compris les arrivages directs du Brésil dans les Ports en dehors de la Statistique et navires perdus.

DÉBOUCHÉS TOTAUX RÉELS DU MONDE

(Réexportations entre Ports de la Statistique déduites)

Moyennes annuelles périodiques et par campagne (milliers de sacs)

CAMPAGNES	EUROPE (1)			ETATS-UNIS			DIVERS (2)	Débouchés Totaux Réels du Monde		
	Brésil	Sortes Diverses	Totaux	Brésil	Sortes Diverses	Totaux		Brésil	Sortes Diverses	Totaux
1900/01 1904/05	5.604	2.644	8.248	5.302	1.276	6.578	469	11.375	3.920	15.295
1905/06 1909/10	7.009	2.619	9.628	5.783	1.351	7.134	631	13.423	3.970	17.393
1910/11 1914/15	7.500	2.885	10.385	5.621	1.572	7.193	820	13.941	4.457	18.398
1915/16 1919/20	5.458	1.886	7.344	6.210	2.827	9.037	922	12.590	4.713	17.303
1910/11	6.981	2.566	9.547	5.733	1.281	7.014	610	13.324	3.847	17.171
1911/12	6.832	2.992	9.824	5.397	1.362	6.759	871	13.100	4.354	17.454
1912/13	6.695	2.719	9.414	5.205	1.468	6.673	1.036	12.936	4.187	17.123
1913/14	6.872	3.421	10.293	5.871	1.669	7.540	749	13.492	5.090	18.582
1914/15	10.121	2.726	12.847	5.900	2.081	7.981	830	16.851	4.807	21.658
1915/16	8.933	2.615	11.548	6.666	2.183	8.849	803	16.402	4.798	21.200
1916/17	4.741	1.386	6.127	6.572	2.449	9.021	868	12.181	3.835	16.016
1917/18	4.211	889	5.100	6.206	2.389	8.595	1.138	11.555	3.278	14.833
1918/19	4.843	1.124	5.967	5.555	3.519	9.074	927	11.325	4.643	15.968
1919/20	4.564	3.415	7.979	6.049	3.598	9.647	873	11.486	7.013	18.499
1920/21	4.936	2.701	7.637	6.371	3.325	9.696	1.129	12.436	6.026	18.462
1921/22	—	—	—	—	—	—	—	—	—	—
1922/23	—	—	—	—	—	—	—	—	—	—
1923/24	—	—	—	—	—	—	—	—	—	—
1924/25	—	—	—	—	—	—	—	—	—	—

(1) Y compris les arrivages directs du Brésil dans les Ports en dehors de la statistique et navires perdus.

(2) Expéditions du Brésil pour le Cap, l'Argentine, le Chili, etc., le Cabotage brésilien et la Consommation locale de Rio et Santos.

PRODUCTION, DÉBOUCHÉS, APPROVISIONNEMENT VISIBLE ET PRIX

Moyennes annuelles périodiques et par campagne (milliers de sacs)

CAMPAGNES	PRODUCTION			Débouchés Réels du Monde	Approvt visib. au 30 Juin	Prix Moyen du G.-A. en Reis (2)	Chang. Moyen Pence par Milreï	Prix Moyen du G.-A. au Havre
	Brésil	Autres Pays (1)	Product. totale					
1900/01 1904/05	12.400	3.993	16.393	15.295	11.216	4.950	12 »/»	39
1905/06 1909/10	14.054	3.842	17.896	17.393	13.732	3.750	15 1/2	43
1910/11 1914/15	12.789	4.367	17.156	18.398	7.524	5.900	15 1/2	67
1915/16 1919/20	12.350	4.789	17.139	17.303	6.701	7.850	13 1/2	124
1910/11	10.848	3.676	14.524	17.171	11.085	5.850	16 1/2	62
1911/12	13.037	4.337	17.374	17.454	11.005	7.550	16 1/4	80
1912/13	12.131	4.275	16.406	17.123	10.288	6.900	16 1/4	79
1913/14	14.457	5.154	19.611	18.582	11.317	5.000	16 »/»	62
1914/15	13.471	4.394	17.865	21.658	7.524	4.300	13 1/2	53
1915/16	15.960	4.801	20.761	21.200	7.085	4.850	12 1/4	62
1916/17	12.741	3.951	16.692	16.016	7.761	5.500	12 1/2	80
1917/18	15.836	3.011	18.847	14.833	11.775	4.150	13 1/4	103
1918/19	9.712	4.500	14.212	15.968	10.019	10.750	13 1/4	125
1919/20	7.500	7.681	15.181	18.499	6.701	14.000	16 »/»	248
1920/21	14.496	5.787	20.283	18.462	8.522	8.000	10 3/4	140
1921/22	—	—	—	—	—	—	—	—
1922/23	—	—	—	—	—	—	—	—
1923/24	—	—	—	—	—	—	—	—
1924/25	—	—	—	—	—	—	—	—

(1) Chiffre des **arrivages** nets en Europe (Ports de la Statistique, réexportations déduites) et aux Etats-Unis, **plus** l'augmentation, ou **moins** la diminution du flottant pendant la campagne, voir page 36.

(2) A partir de 1907/08, Santos n° 7.

Consommation d'après les Acquittements et les Importations officielles en Europe (sacs de 60 kilos) et les livraisons aux Etats-Unis

Moyennes annuelles périodiques et par année du 1er Janv. au 31 Déc.

(milliers de sacs)

	1901 / 1905	1906 / 1910	1911 / 1915	1916 / 1920	1921	1922	1923	Consommation par tête en 1913	DROITS Fcs par 100 kil. en 1913
Allemagne	2.960	3.160	2.930	—	—	—	—	2 kil.50	75.—
France (1)	1.495	1 740	1.975	2.695	2.435	—	—	2 » 90	136.—
Aut.-Hongrie..	770	895	900	—	—	—	—	1 » 10	92.50
Hollande.......	640	665	650	—	—	—	—	7 » 00	exempts
Belgique.......	535	580	550	—	—	—	—	4 » 95	exempts
Suède..........	480	560	520	—	—	—	—	5 » 50	16.75
Russie.........	150	195	165	—	—	—	—	0 » 10	95.50
Finlande	165	220	215	—	—	—	—	4 » 00	40.—
Italie..........	290	380	505	705	—	—	—	0 » 80	130 —
Gr.-Bretagne...	240	225	230	300	260	—	—	0 » 30	35.—
Norvège........	200	220	210	—	—	—	—	5 » 10	41.50
Danemark......	195	235	255	—	—	—	—	5 » 60	23.50
Suisse	155	185	190	—	—	—	—	3 » 15	2.—
Espagne........	160	210	235	310	—	—	—	0 » 75	150.—
Aut. Pays d'Europe, Afrique du Nord et Turquie d'Asie	505	585	460	—	—	—	—	0 » 70	—
Europe et Méditer.	8.940	10.055	9.990	7.800	—	—	—	—	—
Etats-Unis... . .	6.710	7.285	7.295	9.010	9.990	—	—	4 kil.4.	exempts
Cap, Argentine, etc. et Ports Brésiliens	465	675	815	990	765	—	—	—	—
Totaux Monde,....	16.115	18.015	18.100	17.800	—	—	—	—	—

(1) Consommation en 1916 2.2[illegible]0.000 sacs, 1917 2.730.000 sacs, 1918 2.270.000 sacs, 1919 3.485.000 sacs, et 1920 2.450.000 sacs.

HAVRE - IMP. DE LA BOURSE (PALAIS DE LA BOURSE)

www.ingramcontent.com/pod-product-compliance
Ingram Content Group UK Ltd.
Pitfield, Milton Keynes, MK11 3LW, UK
UKHW021952260726
13994UKWH00004B/1702

9 782329 324555